Das Warzenschwein

Faszinierende Fakten,
Lebensräume und
Verhaltensweisen des härtesten
Überlebens der Natur

Scott M. Cook

Copyright © 2024 von Scott M. Cook

Alle Rechte vorbehalten. Kein Teil dieses Buches darf ohne vorherige schriftliche Genehmigung des Autors reproduziert, in einem Abrufsystem gespeichert oder in irgendeiner Form oder mit irgendwelchen Mitteln – elektronisch, mechanisch, durch Fotokopieren, Aufzeichnen oder auf andere Weise – übertragen werden, außer im Falle einer Kurzfassung Zitate in Rezensionen oder Artikeln.

Inhaltsverzeichnis

Das Warzenschwein..0
Einführung..5
   Die geheime Welt des Warzenschweins............5
Kapitel 1: Überblick über Warzenschweine........9
   Einführung in Warzenschweine.......................9
   Hauptmerkmale..10
   Warum sie faszinierend sind........................... 11
Kapitel 2: Warzenschweine im Tierreich...........15
   Klassifikation und Evolution............................ 16
   Einzigartige Eigenschaften im Vergleich zu anderen Tieren..17
Kapitel 3: Physikalische Eigenschaften........... 21
   Besondere Merkmale (Stoßzähne, Mähne usw.) 22
   Anpassungen zum Überleben........................24
Kapitel 4: Lebensräume und Verbreitungsgebiet 27
   Wo Warzenschweine leben............................28
   Umwelt Präferenzen......................................29
Kapitel 5: Verhalten und soziales Leben.......... 32
   Ernährungsgewohnheiten.............................. 33
   Soziale Strukturen und Kommunikation..........34
Kapitel 6: Herausforderungen in der Wildnis...39
   Raubtiere..40
   Konflikt zwischen Mensch und Tier................42
Kapitel 7: Lustige und weniger bekannte Fakten 45
   Mythen und kulturelle Bedeutung................... 46

Erstaunliche Überlebensfähigkeiten............... 48
Abschluss..**52**

Einführung

Die geheime Welt des Warzenschweins

Versteckt zwischen den goldenen Gräsern der Savannen Afrikas streift eine oft übersehene Kreatur mit ruhiger Zuversicht umher. Seine Stoßzähne krümmen sich wie die Sensen der Natur, seine Mähne sträubt sich wie der Kamm eines Kriegers und seine scharfen Augen verraten eine listige Intelligenz. Lernen Sie das Warzenschwein kennen – ein Geschöpf, das wie eine seltsame Kuriosität erscheinen mag, in Wirklichkeit aber einer der bemerkenswertesten Überlebenden der Natur ist.

Auf den ersten Blick mag ein Warzenschwein nicht die Bewunderung auf sich ziehen, die seinen majestätischen Nachbarn wie Löwen oder Elefanten entgegengebracht wird. Wenn Sie jedoch etwas tiefer graben, werden Sie ein Tier voller Überraschungen entdecken. Diese widerstandsfähigen Kreaturen haben sich so entwickelt, dass sie in einigen der unerbittlichen Umgebungen der Erde nicht nur überleben, sondern auch gedeihen. Ihr Leben ist ein Beweis für Anpassungsfähigkeit, Einfallsreichtum und einen unnachgiebigen Willen zum Durchhalten.

In diesem Buch erkunden wir die vielen Facetten von Warzenschweinen – von ihrem faszinierenden Verhalten bis hin zu ihrem einzigartigen Platz im Tierreich. Was macht diese Tiere so faszinierend? Liegt es an ihrer Fähigkeit, sich Raubtieren, die um ein Vielfaches größer sind, zu stellen, an ihrem raffinierten Einsatz von Höhlen zur Sicherheit oder an der unerwarteten Zärtlichkeit, die sie ihren Jungen entgegenbringen? Vielleicht sind es all diese Dinge und mehr. Während wir durch die Welt reisen, werden Sie entdecken, wie viel es an diesen robusten, aber charmanten Kreaturen zu bewundern gibt.

Warzenschweine sind mehr als nur Wildschweine mit Stoßzähnen – sie sind ein wichtiger Teil des Ökosystems, in dem sie leben. Ihre Geschichte ist eine Geschichte der Widerstandsfähigkeit, die oft missverstanden wird, aber unbestreitbar faszinierend ist. Betreten wir die Savanne und lernen einen der härtesten Überlebenskünstler der Natur kennen. Der Rest ihrer Geschichte wartet darauf, sich zu entfalten.

Kapitel 1: Überblick über Warzenschweine

Dieses Kapitel legt den Grundstein für das Verständnis von Warzenschweinen, indem es ihre allgemeinen Eigenschaften, ihre ökologische Rolle und die Unterschiede zu anderen Tieren untersucht.

Einführung in Warzenschweine

Warzenschweine tragen vielleicht nicht die Krone des Sonnenkönigs, aber sie haben sich einen einzigartigen Platz in der Wildnis geschaffen, der Respekt erfordert. Als Mitglieder der Schweinefamilie werden sie oft unterschätzt und als bloße Aasfresser oder komische Erleichterung im großen Wandteppich der afrikanischen Tierwelt abgetan. Aber diese Tiere sind weitaus komplexer, als sie scheinen.

Wissenschaftlich bekannt als *Afrikanisches Warzenschwein* Warzenschweine sind in Afrika südlich der Sahara beheimatet. Ihre Vorfahren durchstreiften diese Länder Millionen von Jahren und passen sich an und entwickelten sich weiter, um in einer Umgebung voller Herausforderungen zu überleben. Heute sind sie für ihre robusten Gesichtszüge, schnellen Reflexe und ihre bemerkenswerte Fähigkeit, Raubtiere zu überlisten, bekannt.

Hauptmerkmale

Auch körperlich sind Warzenschweine auffällig. Ihre stämmigen, mit spärlichem Haar bedeckten Körper sind sowohl für Kraft als auch für Ausdauer gebaut. Ihr bekanntestes Merkmal, die Stoßzähne, dienen sowohl als Verteidigungswaffe als auch als

Werkzeug zur Nahrungssuche. Diese gebogenen Elfenbein-Vorsprünge können beeindruckend groß werden, was sie zu einem furchterregenden Gegner für diejenigen macht, die es wagen, sie zu bedrohen. Zu ihrem unverwechselbaren Erscheinungsbild trägt auch ihre Mähne bei – ein borstiger Grat, der entlang ihres Rückens verläuft –, der ihnen ein wildes, fast trotziges Aussehen verleiht.

Warum sie faszinierend sind

Aber Warzenschweine sind mehr als nur ihr Aussehen. Sie leisten einen wesentlichen Beitrag zu ihrem Ökosystem. Indem sie auf harten Gräsern grasen und mit der Schnauze nach Wurzeln graben, tragen sie dazu bei, das Gleichgewicht in ihrem Lebensraum aufrechtzuerhalten. Ihre verlassenen Höhlen bieten oft anderen Tieren Schutz und zeigen, wie selbst ihre banalsten Gewohnheiten in der

Wildnis weitreichende Auswirkungen haben.

Das vielleicht Faszinierendste an Warzenschweinen ist ihre Fähigkeit, in Widrigkeiten zu gedeihen. Ob es darum geht, sich einem Raubtier zu stellen oder die Trockenzeit zu überstehen, wenn die Nahrung knapp ist, verkörpert Warzenschweine die Widerstandskraft. Sie sind vielleicht nicht die größten oder glamourösesten Kreaturen der Savanne, aber ihre Geschichte ist eine Geschichte von Mut, Anpassungsfähigkeit und Überleben.

Kapitel 2: Warzenschweine im Tierreich

In diesem Kapitel erhalten Sie ein umfassendes Verständnis dafür, wie Warzenschweine in das umfassendere Tierreich passen. Wir beginnen mit der Erkundung ihrer Klassifizierung und ihrer evolutionären Reise und beleuchten, wie sich diese faszinierenden Tiere im Laufe der Zeit an das Überleben in der Wildnis angepasst haben. Sie werden die einzigartigen Merkmale entdecken, die sie von anderen Tieren in ihrer Umgebung unterscheiden. Von ihren charakteristischen Stoßzähnen bis hin zu ihrem Sozialverhalten werden in diesem Kapitel die Merkmale hervorgehoben, die Warzenschweinen geholfen haben,

dort zu gedeihen, wo viele andere Probleme haben.

Klassifikation und Evolution

Warzenschweine sind ein faszinierendes Beispiel für die vielfältige Schweinefamilie, aber sie sind kein gewöhnliches Schwein. Sie gehören zu den *Die Schweden* Familie, zu der Tiere wie Wildschweine und Hausschweine gehören. Konkret gehören sie zur Gattung *Phacochoerus*, mit der Art *Afrikanisches Warzenschwein* allgemein bekannt als Warzenschwein.

Die Evolution Reise der Warzenschweine ist geprägt von Anpassungsfähigkeit und Widerstandsfähigkeit. Ihre Vorfahren tauchten erstmals vor Millionen von Jahren auf und haben sich seitdem so entwickelt, dass sie unter den rauen

Bedingungen der Savannen und Wälder Afrikas gedeihen. Im Laufe der Zeit haben Warzenschweine Eigenschaften entwickelt, die ihre Überlebensfähigkeit in diesen herausfordernden Umgebungen verbessern. Ihre großen Stoßzähne und muskulösen Körper sind beispielsweise Produkte eines Evaluationsprozesses, der ihnen dabei helfen soll, sich gegen Raubtiere zu verteidigen und um Ressourcen zu konkurrieren.

Einzigartige Eigenschaften im Vergleich zu anderen Tieren

Was die Warzenschweine von anderen Wildtieren unterscheidet, ist ihre Kombination aus körperlichen Merkmalen, sozialem Verhalten und Überlebensstrategien. Eines der bemerkenswertesten Merkmale sind ihre Stoßzähne – diese scharfen, gebogenen Zähne dienen mehreren Zwecken. Sie helfen Warzenschweinen nicht nur dabei, sich gegen Raubtiere wie Löwen und Hyänen zu verteidigen, sondern werden auch zum Graben nach Nahrung eingesetzt.

Im Gegensatz zu vielen anderen Tieren kann man Warzenschweine oft beobachten, wie sie mit hoher Geschwindigkeit in Höhlen rennen, um der Gefahr zu entkommen. Ihre Fähigkeit, in diese unterirdischen Schutzräume einzutauchen, zeigt ihre unglaublichen Reflexe und ihr Bewusstsein für ihre Umgebung. Im Gegensatz zu den größeren und langsameren Tieren in ihrem Lebensraum haben sich Warzenschweine daran gewöhnt, sich eher auf Geschwindigkeit und List als auf rohe Kraft zu verlassen.

Ein weiteres einzigartiges Merkmal ist ihr Sozialverhalten. Warzenschweine leben typischerweise in kleinen Familiengruppen, sogenannten

Echoloten, angeführt von einem dominanten Weibchen. Diese Gruppen bieten Schutz vor Raubtieren und Unterstützung bei der Nahrungssuche. Allerdings sind Warzenschweine im Gegensatz zu anderen Herdentieren nicht dafür bekannt, große, zusammenhängende Gruppen zu bilden. Ihre soziale Struktur ist fließender, was es ihnen ermöglicht, sich an unterschiedliche Umgebungen und Bedrohungen anzupassen.

Diese bemerkenswerten Anpassungen haben es Warzenschweinen ermöglicht, unter einigen der härtesten Bedingungen auf der Erde zu überleben. Durch die Kombination von Kraft, Beweglichkeit und scharfem Instinkt zeichnen sie sich als einer der beständigsten Überlebenden des Tierreichs aus.

Kapitel 3: Physikalische Eigenschaften

In diesem Kapitel befassen wir uns mit den physikalischen Eigenschaften, die Warzenschweine einzigartig und perfekt für ihre Umgebung geeignet machen. Sie werden entdecken, warum ihre Stoßzähne nicht nur der Verteidigung, sondern auch dem Überleben im Alltag dienen. Wir werden auch ihre charakteristische Mähne, Körperform und andere körperliche Merkmale erkunden, die es ihnen ermöglichen, in der Wildnis zu gedeihen. Unterwegs erfahren Sie, wie ihre Körper fein abgestimmt sind, um ihnen dabei zu helfen, nach Nahrung zu graben, Raubtieren auszuweichen und sich in einigen der rauesten Umgebungen der Erde wohl zu fühlen. Am Ende dieses Kapitels werden Sie besser verstehen, wie unglaublich die körperlichen Merkmale des Warzenscheins wirklich sind.

Besondere Merkmale (Stoßzähne, Mähne usw.)

Warzenschweine sind leicht an ihren auffälligsten Merkmalen zu erkennen: ihren Stoßzähnen und Mähnen. Diese Merkmale verleihen ihnen nicht nur ein unverwechselbares Aussehen, sondern sind auch überlebenswichtig. Die Stoßzähne, bei denen es sich eigentlich um verlängerte Eckzähne handelt, erfüllen mehrere Zwecke. Männliche Warzenschweine besitzen größere Stoßzähne als weibliche, mit denen sie ihr Revier verteidigen, Raubtiere abwenden und um Partner konkurrieren. Diese Stoßzähne werden am Boden geschärft, wenn Warzenschweine nach Nahrung graben oder wenn sie miteinander kämpfen.

Die Mähne, die über den Nacken eines Warzenschweins verläuft und sich über die Wirbelsäule erstreckt, ist ein weiteres einzigartiges körperliches Merkmal. Diese borstige, aufrechte Mähne lässt das Warzenschwein größer erscheinen, wenn es bedroht ist. Die Mähne spielt auch eine Rolle im Kühlsystem des Tieres und hilft, die Körpertemperatur zu regulieren, indem sie einen gewissen Schutz vor der Sonne bietet.

Warzenschweine haben auch eine harte, faltige Haut, die nicht nur ein optisches, sondern auch ein schützendes Merkmal ist. Die Hautfalten im Gesicht und Hals schützen sie vor Kratzern und Bissen. Ihre großen, flachen Füße eignen sich auch gut zum Durchqueren unwegsamen Geländes, sodass sie sich schnell über felsigen, unebenen Boden bewegen und Raubtieren entkommen können.

Anpassungen zum Überleben

Jeder Aspekt des Körpers des Warzenschweins hat sich weiterentwickelt, um ihm das Überleben in der Wildnis zu erleichtern. Eine der wichtigsten Anpassungen ist ihr kräftiger, muskulöser Körperbau. Warzenschweine können Geschwindigkeiten von bis zu 30 Meilen pro Stunde erreichen, was schneller ist als die meisten ihrer Raubtiere. Diese Geschwindigkeit, gepaart mit ihrer Fähigkeit, sich schnell in Höhlen zu stürzen, verschafft ihnen einen Vorteil, wenn sie einer Gefahr entkommen.

Warzenschweine verfügen außerdem über einen scharfen Gehör- und Geruchssinn, der ihnen hilft, sich nähernde Raubtiere zu erkennen, lange bevor sie gesehen werden. Ihre Fähigkeit, schnell nach Wurzeln, Knollen und Gräsern zu graben, wird durch ihre kräftigen Vorderbeine und speziellen, schaufel artigen Hufe unterstützt, die es ihnen ermöglichen, selbst in den trockensten Umgebungen Nahrung zu finden.

Ihre Fähigkeit, in einer Vielzahl von Lebensräumen zu leben – von Savannen bis hin zu offenen Wäldern – ist auf ihre anpassungsfähige Ernährung und ihre körperlichen Merkmale zurückzuführen. Egal, ob es durch eine heiße Savanne rennt oder während eines Sturms in einem Bau Schutz sucht, der Körper des Warzenschweins ist darauf ausgelegt, in den härtesten Umgebungen zu gedeihen.

Kapitel 4: Lebensräume und Verbreitungsgebiet

In diesem Kapitel erkunden Sie die natürlichen Lebensräume von Warzenschweinen und wo sie auf der ganzen Welt zu finden sind. Wir werfen einen genaueren Blick auf die Regionen, in denen sie zu Hause sind, von den Savannen Afrikas bis zu den Waldgebieten und anderen weniger bekannten Ökosystemen. Sie erfahren, welche Arten von Umgebungen Warzenschweine bevorzugen und wie ihr Verhalten und ihre körperlichen Merkmale es ihnen ermöglichen, in diesen vielfältigen Lebensräumen zu gedeihen. Am Ende dieses Kapitels werden Sie ein besseres Verständnis

für die geografische Verbreitung von Warzenschweinen und ihre Anpassung an verschiedene Klimazonen und Geländeformen erlangen.

Wo Warzenschweine leben

Warzenschweine sind in Afrika südlich der Sahara beheimatet und ihr Verbreitungsgebiet erstreckt sich über weite Teile des Kontinents. Diese widerstandsfähigen Tiere kommen in einer Vielzahl von Ländern vor, darunter Südafrika, Namibia, Kenia, Tansania und Uganda, um nur einige zu nennen. Sie leben hauptsächlich in Savannen, Grasland und offenen Wäldern, wo die Umgebung eine Mischung aus Deckung und Nahrung bietet.

Obwohl Warzenschweine weite, offene Gebiete bevorzugen, bewohnen sie bekanntermaßen auch Regionen mit unterschiedlicher Vegetation, sofern ihnen ausreichend Platz zum Graben und zur Nahrungssuche zur Verfügung steht. Sie können sogar in trockenen Halbwüsten Gebieten gefunden werden, sofern Zugang zu Wasser und genügend Pflanzenleben besteht, um ihre Ernährung aufrechtzuerhalten. Warzenschweine werden oft in Wildreservaten und Nationalparks gesehen, wo ihre Populationen geschützt sind und sie sich frei in ihrer natürlichen Umgebung bewegen können.

Umwelt Präferenzen

Warzenschweine bevorzugen in der Regel flache, offene Gebiete, in denen sie Raubtiere aus der Ferne leicht entdecken können. Sie benötigen jedoch auch etwas Schutz, um sich vor der grellen Sonne zu schützen oder bei Bedarf Zuflucht zu suchen. Sie neigen dazu, sich in der Nähe von Wasserstellen aufzuhalten, die sowohl für Flüssigkeitszufuhr als auch für Abkühlung sorgen. Auch die Nahrungsverfügbarkeit ist ein entscheidender Faktor bei der Wahl ihres Lebensraums. Sie gedeihen an Orten, an denen es reichlich Gräser, Wurzeln und Knollen gibt, sowie an Orten mit Zugang zu saisonalen Niederschlägen, die dazu beitragen, die Pflanzenwelt, auf die sie angewiesen sind, zu unterstützen.

Obwohl sie sich an unterschiedliche Umgebungen anpassen können, bevorzugen Warzenschweine Gebiete mit relativ milden Temperaturen. Extreme Hitze oder starke Kälte können für sie eine Herausforderung sein. In Gebieten mit rauem Klima haben Warzenschweine die Fähigkeit entwickelt, sich in die Erde einzugraben, um sowohl Raubtieren als auch extremen Wetterbedingungen zu entkommen. Ihre Höhlen, die oft in verlassenen Höhlen anderer Tiere angelegt werden, bieten ihnen einen sicheren Zufluchtsort vor den Elementen und Raubtieren.

Warzenschweine zeigen auch ein gewisses Maß an Migration als Reaktion auf die Verfügbarkeit von Ressourcen. Während der Trockenzeit können sie auf der Suche nach Nahrung und Wasser weiter reisen und dabei oft den Bewegungen anderer Pflanzenfresser folgen. Diese Anpassungsfähigkeit bei der Wahl ihres Lebensraums ist für ihr Überleben von entscheidender Bedeutung, da sie es ihnen ermöglicht, in einer Vielzahl von Landschaften zu gedeihen.

Kapitel 5: Verhalten und soziales Leben

Dieses Kapitel befasst sich mit den faszinierenden Verhaltensweisen von Warzenschweinen und wie sie miteinander interagieren. Sie erfahren mehr über ihre einzigartigen Ernährungsgewohnheiten, einschließlich ihrer einfallsreichen Futtersuche Methoden und ihrer Fähigkeit, sich je nach Umweltbedingungen an unterschiedliche Ernährungsgewohnheiten anzupassen. Wir werden auch das soziale Leben von Warzenschweinen erforschen und herausfinden, wie sie kommunizieren, Bindungen eingehen und ihre Gruppen strukturieren. Am Ende dieses Kapitels werden Sie ein tieferes Verständnis dafür haben, was

Warzenschweine zu so faszinierenden Tieren in der Wildnis machen.

Ernährungsgewohnheiten

Warzenschweine sind hauptsächlich Weidefässer und ernähren sich von Gräsern, Wurzeln, Knollen und Früchten. Sie sind bekannt für ihre bemerkenswerte Fähigkeit, sich mit ihren Schnauzen und Stoßzähnen in den Boden zu graben, um Nahrungsquellen wie Wurzeln und Zwiebeln freizulegen, die wichtige Nährstoffe liefern. Dieses Futter-Suchverhalten hilft ihnen nicht nur, sich in Trockenzeiten zu ernähren, wenn die Oberfläche Vegetation knapp ist, sondern spielt auch eine Rolle bei der Bodenbelüftung, was den Ökosystemen, in denen sie leben, zugutekommt.

Warzenschweine sind keine wählerischen Esser. Während sie frische

Gräser und zarte Triebe bevorzugen, wurde beobachtet, dass sie Rinde, kleine Tiere und sogar Aas fressen, wenn die Nahrung knapp ist. Ihre Fähigkeit, ihre Ernährung an das Angebot anzupassen, ist ein Beweis für ihre Widerstandsfähigkeit als Überlebende. Warzenschweine grasen oft auf den Knien, ein charakteristisches Verhalten, das ihnen hilft, kürzere Gräser zu erreichen und die Belastung ihres Körpers bei längeren Fütterungssitzungen zu verringern.

Soziale Strukturen und Kommunikation

Warzenschweine sind sehr soziale Tiere und leben in Gruppen, den sogenannten Echoloten. Ein typischer Echolot besteht aus wenigen Weibchen und ihren Nachkommen, während erwachsene Männchen eher ein Einzelgängerleben führen und sich während der

Paarungszeit vorübergehend Gruppen anschließen. Diese Gruppen sorgen für Sicherheit in großer Zahl, wobei die Mitglieder auf Raubtiere achten und Alarm schlagen, wenn Gefahr droht.

Die Kommunikation innerhalb eines Echolots wird durch eine Vielzahl von Lautäußerungen, Körpersprache und sogar Duftmarkierungen erreicht. Es ist bekannt, dass Warzenschweine Grunzen, Quietschen und Schnauben von sich geben, um Gefühle wie Kummer, Zufriedenheit oder Aggression auszudrücken. Sie verlassen sich auch auf ihre Schwänze, die oft wie Fahnen aufrecht gehalten werden, um sich gegenseitig zu signalisieren, wenn sie sich als Gruppe bewegen.

Die Hierarchie innerhalb eines Echolots wird normalerweise vom dominanten Weibchen angeführt, das die Gruppe zu Futter- und Ruheplätzen führt. Trotz ihres robusten Äußeren zeigen

Warzenschweine ein fürsorgliches Verhalten, wobei Mütter ihre Jungen energisch vor Raubtieren schützen und ihnen Überlebensfähigkeiten beibringen. Junge Warzenschweine üben spielerische Aktivitäten aus, die nicht nur ihre Bindungen stärken, sondern sie auch auf das Erwachsenenleben in der Wildnis vorbereiten.

Warzenschweine haben eine faszinierende Art, innerhalb ihrer Gruppe Respekt und Unterwerfung zu zeigen. Beispielsweise senken untergeordnete Warzenschweine in Gegenwart eines dominanten Individuums den Kopf oder legen sich hin. Diese strukturierte Interaktion trägt dazu bei, die Harmonie innerhalb der Gruppe aufrechtzuerhalten und das Überleben aller Mitglieder zu sichern.

Kapitel 6: Herausforderungen in der Wildnis

Dieses Kapitel deckt die Herausforderungen auf, denen Warzenschweine in ihrer natürlichen Umgebung gegenüberstehen. Warzenschweine haben bemerkenswerte Überlebensstrategien entwickelt, von der Flucht vor Spitzenprädatoren bis hin zur Bewältigung der Bedrohungen durch menschliche Eingriffe. Wir werden untersuchen, wie sie sich verteidigen und welche Rolle Naturschutz Bemühungen bei der Milderung von Konflikten zwischen Mensch und Tier spielen. Am Ende werden Sie die Widerstandskraft der Warzenschweine und das empfindliche Gleichgewicht zu schätzen wissen, das nötig ist, um ihr Überleben in der Wildnis zu sichern.

Raubtiere

In der afrikanischen Savanne stehen Warzenschweine einer Vielzahl natürlicher Feinde gegenüber, darunter Löwen, Leoparden, Geparden, Hyänen und Krokodilen. Aufgrund ihrer moderaten Größe und Häufigkeit haben diese beeindruckenden Jäger häufig Warzenschweine im Visier. Allerdings sind Warzenschweine nicht wehrlos; Sie verfügen über ein beeindruckendes Arsenal an Überlebenstaktiken.

Bei der Konfrontation mit Raubtieren verlassen sich Warzenschweine auf ihre Schnelligkeit und Beweglichkeit, um zu entkommen. Sie können mit einer Geschwindigkeit von bis zu 30 Meilen pro Stunde im Zickzack laufen, um ihre

Verfolger zu verwirren. Ihre scharfen Stoßzähne sind außerdem starke Waffen, die Angreifern schwere Verletzungen zufügen können. Ein in die Enge getriebenes Warzenschwein kann überraschend aggressiv werden und mit seinen Stoßzähnen auf Raubtiere losgehen, um sich und seine Jungen zu verteidigen.

Höhlen dienen Warzenschweinen als wichtige Zufluchtsorte. Sie bewohnen oft verlassene Erdferkel Höhlen und modifizieren sie an ihre Bedürfnisse. Bei Gefahr kehren Warzenschweine in diese Höhlen zurück und lassen ihre scharfen Stoßzähne nach außen zeigen, um Raubtiere abzuschrecken. Dieses Verhalten hat sich gegen viele potenzielle Angreifer als äußerst wirksam erwiesen.

Trotz ihrer Wachsamkeit sind junge Warzenschweine (Ferkel) besonders anfällig für Raubtiere. Mütter zeigen außergewöhnlichen Mut und riskieren ihr Leben, um ihre Nachkommen zu schützen. Zu ihren mütterlichen Instinkten gehört es, Raubtiere anzugreifen oder sie abzulenken, um sicherzustellen, dass die Ferkel eine Chance zur Flucht haben.

Konflikt zwischen Mensch und Tier

Da die menschliche Bevölkerung wächst, geraten Warzenschweine zunehmend in Konflikt mit landwirtschaftlichen Aktivitäten. Landwirte betrachten sie oft als Schädlinge, da sie dazu neigen, Ernten zu plündern, was zu erheblichen wirtschaftlichen Verlusten führen kann. Als Vergeltung werden Warzenschweine manchmal gejagt oder gefangen, was ihre Populationen zusätzlich belastet.

Die Zerstörung von Lebensräumen stellt eine weitere erhebliche Bedrohung dar.

Die Rodung von Land für Landwirtschaft, Stadtentwicklung und Infrastruktur verringert die Verfügbarkeit von Nahrung und Unterschlupf für Warzenschweine. Dies zwingt sie, sich näher an menschliche Siedlungen heranzuwagen, was Konflikte verschärft.

Wilderei kommt bei Warzenschweinen zwar nicht so häufig vor wie bei anderen Arten, kommt aber immer noch vor. Warzenschweine werden wegen ihres Fleisches gejagt, das in manchen Regionen als Delikatesse gilt, und wegen ihrer Stoßzähne, die als Trophäen oder Schmuck verwendet werden.

Glücklicherweise sind Naturschutz-Bemühungen im Gange, um diesen Herausforderungen zu begegnen. Wildreservate und Nationalparks bieten sichere Zufluchtsorte, in denen

Warzenschweine ungestört gedeihen können. Aufklärungskampagnen zielen darauf ab, das Zusammenleben zu fördern, indem sie Gemeinschaften über die ökologischen Vorteile von Warzenschweinen aufklären, beispielsweise über ihre Rolle bei der Erhaltung der Bodengesundheit und der Kontrolle der Vegetation.

Auch Kooperationsprojekte zwischen Naturschützern und lokalen Gemeinschaften tragen zur Milderung von Konflikten bei. Einige Programme fördern beispielsweise den Einsatz nicht tödlicher Abwehrmittel wie Zäune oder natürliche Abwehrmittel, um Nutzpflanzen zu schützen, ohne Warzenschweinen zu schaden.

Kapitel 7: Lustige und weniger bekannte Fakten

Dieses Kapitel wirft einen lockeren, faszinierenden Blick auf Warzenschweine und zeigt ihre Rolle in Folklore, Mythen und kultureller Bedeutung in verschiedenen Gesellschaften. Sie werden auch einige ihrer bemerkenswerten Überlebensfähigkeiten und skurrilen Verhaltensweisen entdecken und so ein tieferes Verständnis für diese widerstandsfähigen Tiere entwickeln. Bereiten Sie sich darauf vor, Dinge über Warzenschweine zu erfahren, die Sie sich nie hätten vorstellen können!

Mythen und kulturelle Bedeutung

In ganz Afrika und darüber hinaus spielen Warzenschweine eine herausragende Rolle in Mythen und Traditionen und verkörpern oft einzigartige symbolische Bedeutungen. In einigen Kulturen werden Warzenschweine aufgrund ihrer Furchtlosigkeit und ihrer Fähigkeit, in rauen Umgebungen zu gedeihen, als Symbole für Stärke und Hartnäckigkeit verehrt.

In der Folklore verschiedener Regionen werden Warzenschweine oft als gerissene und einfallsreiche Kreaturen dargestellt. Eine Geschichte aus Ostafrika erzählt von einem Warzenschwein, das einen Löwen überlistet, indem es ihn in einen engen Bau lockt und darin eingesperrt ist. Diese Geschichte betont die Intelligenz und das schnelle Denken des Warzenschweins, Eigenschaften, die viele Gemeinschaften respektieren und bewundern.

In anderen Gebieten gelten Warzenschweine als Wächter der Wildnis. Ihre Angewohnheit, Höhlen zu pflegen und zu vergrößern, hat einige zu der Annahme geführt, dass sie eine spirituelle Rolle beim Schutz des Landes spielen. Lokale Legenden führen ihr Verhalten beim Graben oft auf göttliche Führung zurück und betrachten sie als Ingenieure der Natur.

Allerdings sind nicht alle Wahrnehmungen positiv. In manchen Mythen werden Warzenschweine als schelmische oder unglückliche Tiere dargestellt. Diese Dualität spiegelt die komplexe Beziehung zwischen

Menschen und Warzenschweinen im Laufe der Geschichte wider.

Erstaunliche Überlebensfähigkeiten

Warzenschweine verfügen über einige der bemerkenswertesten Überlebensfähigkeiten im Tierreich. Ihre Fähigkeit, sich an verschiedene Herausforderungen anzupassen, hat ihnen den Titel der härtesten Überlebenskünstler der Natur eingebracht. Hier sind ein paar überraschende Fakten über diese unglaublichen Tiere:

- **Ein eingebautes Alarmsystem**
  Warzenschweine verfügen über einen außergewöhnlichen Gehör- und Geruchssinn, mit dem sie Raubtiere aus großer Entfernung erkennen können. Ihre scharfen Sinne machen sie oft auf andere Tiere in der Umgebung

aufmerksam, was sie zu wertvollen Mitgliedern des Savanne Ökosystems macht.

- **Kniend zum Essen**
  Eines der ungewöhnlichsten Verhaltensweisen von Warzenschweinen ist ihre Angewohnheit, beim Grasen zu knien. Diese besondere Haltung erleichtert ihnen den Zugang zu tief liegenden Gräsern und Wurzeln und stellt sicher, dass sie auch in kargen Umgebungen effizient fressen können. Ihre schwieligen Vorderbeine sind speziell für diesen Zweck angepasst.

- **Meister der Burrow-Ausleihe**
  Anstatt ihre eigenen Höhlen zu graben, sind Warzenschweine

Experten darin, verlassene Höhlen umzunutzen, insbesondere die, die von Erdferkeln hinterlassen wurden. Diese geniale Strategie spart Energie und bietet sofortigen Schutz, was ihre opportunistische Natur unterstreicht.

- **Wasser Kluge Krieger**
Während der Trockenzeit zeigen Warzenschweine einen unglaublichen Einfallsreichtum, indem sie mit wenig Wasser auskommen. Ihr Körper ist darauf ausgelegt, Feuchtigkeit zu speichern, sodass sie trockene Bedingungen aushalten können, die für viele andere Tiere eine Herausforderung darstellen würden.

- **Sozial versiert**
  Trotz ihres rauen Aussehens sind Warzenschweine sehr soziale Tiere. Sie kommunizieren durch eine Reihe von Grunzen, Quietschen und Schwanzbewegungen und zeigen dabei ein Maß an sozialer Intelligenz, das oft unbemerkt bleibt.

- **Bemerkenswerte Erinnerung**
  Seit Jahren wird beobachtet, dass Warzenschweine sich an sichere Höhlen Standorte und Bereiche mit reichlich Nahrung erinnern, was ihr beeindruckendes Gedächtnis unter Beweis stellt. Diese Fähigkeit steigert ihr Überleben in schwankenden Umgebungen erheblich.

Abschluss

Das oft übersehene und unterschätzte Warzenschwein ist ein bemerkenswertes Tier, das für Widerstandsfähigkeit, Intelligenz und Anpassungsfähigkeit steht. Von ihren besonderen körperlichen Merkmalen und einzigartigen Überlebensstrategien bis hin zu ihrem komplexen sozialen Leben und ihrer kulturellen Bedeutung bieten Warzenschweine eine endlose Quelle der Faszination. Sie sind viel mehr als nur ihr raues Aussehen; Sie sind die unbesungenen Helden der Natur und gedeihen in Umgebungen, in denen viele andere scheitern würden.

In diesem Buch haben wir ihre Reise im Tierreich erkundet und uns mit ihren Lebensräumen, Verhaltensweisen und Herausforderungen in der Wildnis befasst. Wir haben die Mythen und Fakten aufgedeckt, die Warzenschweine zu einem kulturellen und ökologischen Schatz machen, und ihre wichtige Rolle in ihren Ökosystemen sowie ihre Fähigkeit, sich anzupassen und allen Widrigkeiten zum Trotz zu überleben, hervorgehoben.

Wir hoffen, dass Sie beim Lesen dieser Kapitel eine neue Wertschätzung für diese zähen und zähen Kreaturen entwickelt haben. Egal, ob Sie ein Tierliebhaber, ein Verfechter des Naturschutzes oder einfach nur neugierig auf die Natur sind, die Geschichte des Warzenschweins erinnert uns an die unglaubliche Vielfalt und den Einfallsreichtum des Lebens auf der Erde.

Dieses Buch soll sowohl eine Hommage an das Warzenschwein als auch eine Inspiration dafür sein, weiterhin etwas über die erstaunlichen Lebewesen auf unserem Planeten zu lernen und sie zu schützen. Je besser wir die Natur verstehen und respektieren, desto besser sind wir gerüstet, ihr Überleben für kommende Generationen zu sichern.

www.ingramcontent.com/pod-product-compliance
Lightning Source LLC
Chambersburg PA
CBHW070419230526
45471CB00006B/2880